AF546259

Monika Wintjes

BUCH-MAKEL

55 typische Fehler in der Buchproduktion
und wie man sie vermeidet

Illustriert von Lu Säuberlich

avedition

INHALT

EINLEITUNG

Ein Buch ist ein sehr komplexes Produkt, bei dessen Herstellung von jeher viele Fehler passieren können. Bereits als Bücher noch im Bleisatzverfahren gedruckt wurden, lauerten in den Setzereien und Druckereien Fehlerteufel darauf, Schabernack mit den Lettern zu treiben.

Einige Fehler entdeckt man erst, wenn man das fertige Buch in den Händen hält. Ob diese Fehler tatsächlich als Makel empfunden werden, hängt von der Fehlertoleranz des Betrachters ab. Was für Kenner:innen ein schwerwiegender Makel ist, fällt anderen gar nicht weiter auf. Dabei können Fehler die Haptik, die Optik oder sogar den Geruch eines Buches betreffen. Manche Fehler kosten viel Geld, etwa weil eine ganze Auflage neu gedruckt werden muss, andere sind zwar peinlich, werden aber aus wirtschaftlichen Gründen billigend in Kauf genommen. Die Buchherstellung erfordert also neben einem geübten Auge auch profundes Wissen, damit in den verschiedenen Phasen des Herstellungsprozesses jeweils fehlerfreie Resultate erzielt werden können.

»Buchmakel« ist eine subjektiv zusammengestellte Auswahl von Fehlern entlang des Herstellungsprozesses, angefangen vom Satz über die Repro zum Papier, über den Druck bis schließlich zur Bindung. Einige der Begriffe sind wohl nur vor dem Hintergrund ihrer Zeit zu verstehen. So kommen Zwiebelfische, also vertauschte Schrifttypen, heute zwar immer noch vor, aber von größerer Bedeutung waren sie, als in den Setzkästen der Bleidrucker noch mehr oder weniger

Ordnung herrschte. Die Bezeichnungen können uns heute fremd oder diskriminierend erscheinen, sind jedoch selbst ein Stück Geschichte des Buchdrucks und sollten daher in ihrer ursprünglichen Form erhalten bleiben. Einige neuere Begriffe, wie »Deppenapostroph« oder »Plenken« kommen spöttisch daher und kennzeichnen damit diejenigen als »Eingeweihte«, die sie verwenden.

Das vorliegende Buch illustriert 55 typische Buchmakel und beinhaltet neben der Begriffsbestimmung auch Informationen zu Fehlerursachen und Hinweise dazu, wie diese vermieden werden können. Es richtet sich an Personen, die inhaltlich oder gestalterisch mit Texten oder Druckerzeugnissen zu tun haben – vom Studierenden über Selfpublisher bis zu erfahrenen Hersteller:innen oder Grafiker:innen.

Die Illustrationen der Buchmakel dienen dazu, den Leser:innen auch jene Makel aufzuzeigen, die ihnen bislang nicht bewusst waren und für die ihnen bisher die Begriffe fehlten. Es kann also der Weg vom Bild zum Text oder vom Text zum Bild führen. In der Marginalspalte sind zum besseren Verständnis einige der notwendigerweise verwendeten Fachbegriffe erläutert. Die Pfeile (↗) weisen auf Querverbindungen zu Makeln hin, zu denen eine Verwandtschaft oder ein ursächlicher Zusammenhang besteht. Für weiteres Wissen aus den einzelnen Bereichen empfiehlt sich ein Blick in die Literaturauswahl im Anhang.

Viel Spaß beim Lesen!

»Ich denke immer, wenn ich einen Druckfehler sehe, es sei etwas Neues erfunden.«

Johann Wolfgang von Goethe

SATZ

Makel im Satz erzeugen ein unruhiges Satzbild und stören den Lesefluss.

Der »Satz« ist Teil der kreativen Phase der Buchproduktion. Hier wird aus dem satzreifen Manuskript eine druckreife Datei. Makel, die in dieser Phase der Buchherstellung entstehen, sind einerseits ästhetische Makel, die Ausdruck nachlässiger typografischer Gestaltung sind. Andererseits sind es Rechtschreibfehler, die bei der Endkorrektur übersehen wurden. Makel in dieser Phase entstehen oft durch zu kurz veranschlagte Produktionszeiten. Für Layoutentwicklung und -umsetzung sowie für das Korrekturlesen wird oftmals zu wenig Zeit eingeplant.

FEHLENDER ABSTAND IN ABKÜRZUNGEN

Der Leerraum zwischen Abkürzungen wird häufig weggelassen, damit die Abkürzungen nicht zu sehr auseinandergerissen aussehen. Aber zwischen »z. B.« oder »d. h.« gehört ein Abstand. Damit keine ungewollten Umbrüche am Zeilenende entstehen, kann anstelle des normalen Leerzeichens ein »geschütztes Leerzeichen« eingefügt werden. Dieses verbindet die Buchstaben als Einheit. Aus optischen Gründen kann auch ein verringerter geschützter Wortabstand eingefügt werden. Eine Ausnahme gilt bei Abkürzungen wie usw. oder etc.: Wenn ein einzelner Punkt am Ende der Abkürzung steht, wird die Abkürzung als Einheit betrachtet und auf Zwischenräume verzichtet.

↗ **Shortcuts**

u.a.
z.B.
z.T.
d.h.
u.v.m.
s.u.
v.a.
p.a.
FALSCH

u. a.
p. a.
z. T.
z. B.
u. v. m.
s. u.
v. a.
d. h.
RICHTIG

FALSCHE ANFÜHRUNGSZEICHEN

Anführungszeichen werden verwendet, um wörtliche Rede und Zitate wiederzugeben. Wenn innerhalb eines Zitats ein weiteres Zitat vorkommt oder ein Begriff hervorgehoben werden soll, werden einfache Anführungszeichen gesetzt.

Die richtigen Anführungszeichen, sogenannte »Gänsefüßchen«, beginnen im Deutschen unten in Form einer »99« und enden oben in Form einer »66«. Ebenfalls gebräuchlich sind die französischen An- und Abführungen, »Guillemets«, wobei die Pfeilspitzen im Deutschen auf den angeführten Text zeigen. Sie fügen sich harmonisch in den Text ein und sind sehr lesefreundlich.
Einfache Anführungszeichen haben die gleiche Form und Ausrichtung wie die doppelten. In Text- und Layoutprogrammen lassen sich die gewünschten An- und Abführungen voreinstellen.

Eselsbrücke: 99 unten – 66 oben

↗ Shortcuts

"Das sind keine Anführungszeichen!"

“Das ist die englische Variante.”

«So ist es in der Schweiz richtig.»

„Im Deutschen ist es so richtig.“

»Und so ist es auch richtig.«

FALSCHER APOSTROPH

Eine Punze ist die nichtdruckende Innenfläche eines Buchstabens.

Der »Apostroph« kennzeichnet das Auslassen eines oder mehrerer Buchstaben in einem Wort. Er sieht aus wie ein hochgestelltes Komma oder eine hochgestellte »9« mit geschlossener Punze. Das Aussehen ist dabei abhängig von der verwendeten Schrift. Der Apostroph sollte jedoch niemals die Form einer »6« oder anderer Striche haben. Der Apostroph steht typografisch wie die ausgelassenen Zeichen, die er im Wort ersetzt.

Eselsbrücke: oben eine geschlossene 9

↗ Deppenapostroph
↗ Shortcuts

Rock'n'Roll

AUGENPULVER

Bei Satzbildern, die sehr klein oder sehr eng gesetzt und damit schwer lesbar sind, kann zu Recht der Ausdruck »Augenpulver« verwendet werden. Dieser Makel kann entstehen, wenn viel Text auf wenig Raum untergebracht werden muss, wie z. B. bei Nachschlagewerken.

»Die Gesundheitspolizei sollte, im Interesse der Augen, darüber wachen, daß die Kleinheit des Drucks ein festgestelltes Minimum habe, welches nicht überschritten werden dürfe.«

Arthur Schopenhauer

↗ Bleiwüste

Da beim Lesen das Auge nicht Buchstabe für Buchstabe durchgeht, sondern Wort- und Buchstabengruppen erfasst, kann es bei zu kleiner oder enger Schrift diese Blöcke nicht mehr korrekt aufnehmen. Die Lesbarkeit einer Schrift wird damit erschwert.

Da beim Lesen das Auge nicht Buchstabe für Buchstabe durchgeht, sondern Wort- und Buchstabengruppen erfasst, kann es bei zu kleiner oder enger Schrift diese Blöcke nicht mehr korrekt aufnehmen. Die Lesbarkeit einer Schrift wird damit erschwert.

Da beim Lesen das Auge nicht Buchstabe für Buchstabe durchgeht, sondern Wort- und Buchstabengruppen erfasst, kann es bei zu kleiner oder enger Schrift diese Blöcke nicht mehr korrekt aufnehmen. Die Lesbarkeit einer Schrift wird damit erschwert.

FALSCHE AUSLASSUNGSPUNKTE

Kerning bezeichnet die Anpassung des Abstands zwischen den Zeichen.

»Auslassungspunkte« werden u. a. als Auslassungszeichen und Fortsetzungspunkte verwendet.
Die Laufweite der drei Punkte sollte zur Laufweite der Schrift passen. Als Sonderzeichen haben die drei Punkte eine festgesetzte Laufweite. Es ist auf gutes Kerning zu achten. Wenn die Auslassungspunkte aus drei einzelnen Punkten bestehen, sollten diese nicht zu eng, aber auch nicht zu weit auseinanderstehen.
Vor und nach Auslassungspunkten steht ein Wortzwischenraum, wenn sie als Platzhalter für ein Wort oder mehrere Wörter stehen. Nur bei der Auslassung eines Wortteils schließt man sie unmittelbar ans Ende oder an den Anfang des unvollständigen Wortes an.
Stehen die Auslassungspunke am Ende eines Satzes, entfällt der Schlusspunkt.
Auslassungpunkte heißen auch »Ellipsenzeichen« oder »Dreipunkt«.

Tipp: Auslassungspunkte werden wie das Wort oder der Satzteil, für den sie stehen, gesetzt.

↗ Shortcuts

Gewonnen hat ...
Ach Du Sch...
0, 1, 2 ..., 9

BLEIWÜSTE

Zeilenabstand ist der Abstand von Grundlinie zu Grundlinie.

Der Begriff »Bleiwüste« kommt aus der Zeit des Bleisatzes und gehört somit zur alten Setzersprache. Aber auch heute, wo Texte nur noch am Computer gesetzt werden, hat sich der Begriff aus dem Bleisatz erhalten. Als Bleiwüste bezeichnet man Buchseiten ohne Strukturierung durch Absätze, wenn die Zeilenabstände zu eng gesetzt sind oder keine Abbildungen das Satzbild auflockern. Die Seiten wirken kompakt und zu voll. Typischerweise verbindet man mit dem Begriff Bleiwüste schwer lesbare Zeitungsseiten.

↗ Augenpulver
↗ Zu hoher Grauwert

NEUE SCHNECKENPOST

BLEI
BLEI
BLEI

Das ist eine Bleiwüste. Das ist eine Bleiwüste
Das ist eine Bleiwüste. Das ist eine Bleiwüste.
Das ist eine Bleiwüste. Blei! Blei! Das ist eine
Das ist eine Bleiwüste. Blei! Das ist eine Bleiw
Blei!, WÜSTE. Das ist eine Bleiwüste. WÜSTE
Das ist eine Bleiwüste. Das ist eine Bleiwüste
Das ist eine Bleiwüste Das ist eine Bleiwüste Blei! Blei! Bl
Blei! Das ist eine Bleiwüste.. WÜSTE, WÜSTE. Das ist e
Das ist eine Bleiwüste Das ist eine Bleiwüste Das ist eine B
Das ist eine Bleiwüste. Das ist eine Bleiwüste. WÜSTE.e
Das ist eine Bleiwüste, WÜSTE., WÜSTE. Das ist eine Ble
Blei! Das ist eine Bleiwüste. Das ist eine Bleiwüste.. WÜ
Das ist eine Bleiwüste. Das ist eine Bleiwüste. Das ist ein
Das ist eine Bleiwüste Das ist eine Bleiwüste Blei! Blei! B
Blei! Blei! Das ist eine Bleiwüste Das ist eine Bleiwüste. Da
Das ist eine Bleiwüste, WÜSTE., WÜSTE., WÜSTE. Das
Das ist eine Bleiwüste. Blei! Blei! Blei! Blei! Blei! Blei! Ble
Das ist eine Bleiwüste. Das ist eine Bleiwüste Das ist eine
Blei! Blei!, WÜSTE, WÜSTE. Das ist eine Bleiwüste, WÜS
WÜSTE, WÜSTE. Das ist eine Bleiwüste Das ist eine Ble
Das ist eine Bleiwüste Das ist eine Bleiwüste WÜSTE. W
e. WÜSTE Das ist eine Bleiwüste Das ist eine Bleiwüste . W
e. WÜSTE. Das ist eine Bleiwüste Das ist eine Bleiwüste.e.
Das ist eine Bleiwüste. Das ist eine Bleiwüste. Das ist ein
Das ist eine Bleiwüste e. Das ist eine Bleiwüste. WÜSTE.
WÜSTE. WÜSTE. WÜSTE. Das ist eine Bleiwüste Blei!

DEPPENAPOSTROPH

Als »Deppenapostroph« wird umgangssprachlich ein Apostroph bezeichnet, der an einer Stelle steht, an die er nicht hingehört. Fälschlicherweise wird oft das mit dem Apostroph an das Substantiv angehängte Genitiv-S aus dem Englischen verwendet. Dieses gibt es im Deutschen jedoch nicht. Nach neuer Rechtschreibung darf allerdings in Ausnahmefällen zur Verdeutlichung des Eigennamens der Apostroph beim Genitiv angewendet werden. Z. B. Andrea's Hundesalon, um zu verdeutlichen, dass der Hundesalon Andrea und nicht Andreas gehört. Richtig ist auch die Verwendung des Apostrophs bei der Bildung des Genitivs von Namen, die auf s, ß, x oder z enden. Dann steht der Apostroph jedoch am Ende des Wortes, z. B.: Klaus' Tierarztpraxis hat heute geschlossen.

↗ **Falscher Apostroph**

Bille Murphy
Lisa's Hund
25 lustige Hundegeschichten
?
Verlag
?
warum nur?
????

DEPPENBINDESTRICH

Umgangssprachlich werden unnötige Bindestriche auch als »Deppenbindestriche« bezeichnet.
Kurze, gut lesbare Wortzusammensetzungen werden ohne Bindestrich geschrieben. Ein Bindestrich wird nur verwendet, wenn das zusammengesetzte Wort ohne Bindestrich zu verwirrend wäre.
Ob eine Wortzusammensetzung gut oder schlecht lesbar ist, lässt sich nicht allgemein bestimmen.
Die Schreibweise mit Bindestrich ist nicht falsch, gilt aber als stilistisch schlecht.

SCHNECKEN-HAUS
EIS-TÜTE
STADT-BÜCHEREI
LESEN macht SCHLAU
EIER-BECHER
LIEBES-LIED

DEPPENLEERZEICHEN

Abwertend als »Deppenleerzeichen« wird das Leerzeichen bezeichnet, das fälschlicherweise bei Wortzusammensetzungen zwischen die Wörter gesetzt wird. Deppenleerzeichen können das Textverständnis erschweren, weil ein zusammengesetzter Ausdruck nicht sofort als solcher zu erkennen ist.

Noch bis ins 17. Jahrhundert wurden Wortzusammensetzungen häufig durch Leerzeichen getrennt. Im 20. Jahrhundert setzte sich durch, dass Wortzusammensetzungen in einem Wort oder mit Bindestrich geschrieben wurden.

Der Einfluss der englischen Sprache führt seit den 1990er-Jahren dazu, dass Wortzusammensetzungen fälschlicherweise wieder häufig getrennt geschrieben werden.

Beispiele:

Rahm Soße RAHM SOẞE MöhrenSalat

Pilz Pfanne

GASSE | GIEẞBACH

Der Weißraum ist der unbedruckte Teil einer Druckseite.

Senkrecht untereinanderstehende Wortzwischenräume bilden eine »Gasse«, wenn Leerzeichen über mehrere Zeilen hinweg direkt untereinander gesetzt sind.
»Gießbach« hingegen bezeichnet mehrere übereinander versetzt stehende Wortzwischenräume, weil der entstandene Weißraum wie ein Bach aussieht. Das Lesen wird in beiden Fällen erschwert, da der Leser mit dem Auge förmlich durch die Zeilen fällt.
Durch wenig Aufwand lässt sich dieses unruhige Satzbild, z. B. durch Veränderung der Schriftgröße, der Breite des Satzspiegels oder durch Silbentrennung, beheben.

↗ Löchriger Satz

Gasse

Berlin, Helsinki, Kiew,
Oslo, Madrid, Ankara, Kairo,
Jerewan, Sofia, Tallinn,
Baku, Riga, Brüssel, Tiflis,
Stockholm, Warschau, Tunis,
Bratislava, Damaskus,
Lissabon, Prag, Budapest,
Wien, Rabat, Kopenhagen,
London, Bern, Athen,
Jerusalem, Luxemburg,
Rom, Minsk, Paris, Skopje,
Tripolis, Reykjavik, Belgrad,
Amsterdam und Moskau.

FALSCHER GEDANKENSTRICH

Geviert ist eine typografische Maßeinheit.

Als »Gedankenstrich« wird ein sogenannter Halbgeviertstrich verwendet. Weder der kürzere »Bindestrich« noch der längere »Geviertstrich« sollten als Gedankenstrich gesetzt werden. Vor und nach einem Gedankenstrich steht ein Wortzwischenraum, es sei denn es folgt ein Satzzeichen. Öffnende Gedankenstriche sollten nicht allein am Ende einer Zeile stehen, schließende Gedankenstriche nicht allein am Anfang einer Zeile.
Der Halbgeviertstrich wird auch als Auslassungs-, Bis-, Minus- und Streckenstrich verwendet. Dabei wird der Halbgeviertstrich ohne Wortzwischenraum gesetzt.
Bei der Verwendung des Halbgeviertstrichs als Spiegelstrich oder anstelle des Wortes »gegen« wird er mit einem Wortzwischenraum gesetzt.
Der Bindestrich, auch bekannt als Divisstrich, hingegen ist ein kurzer Strich und steht nie zwischen zwei Leerzeichen.
Der Geviertstrich ist ein Strich von der Länge eines Gevierts. Im Englischen kann der Geviertstrich als Gedankenstrich verwendet werden. Im Deutschen gibt es im Gegensatz zu Bindestrich und Gedankenstrich keine fest in der Rechtschreibung verankerte Anwendung für den Geviertstrich.

↗ Shortcuts

Hier wird der Gedankenstrich bzw. Halbgeviertstrich *mit* Wortzwischenraum gesetzt:

Der Gedankenstrich – so viel steht fest – ist vielseitig einsetzbar.

»gegen«: Heute spielen *Eintracht Frankfurt – Hertha BSC.*

– Spiegelstrich

Hier wird der Halbgeviertstrich *ohne* Wortzwischenraum gesetzt:

Auslassungsstrich: € 15,–

Bisstrich: 2020–2022

Minusstrich: –4 %

Streckenstrich: Frankfurt–Berlin

ZU HOHER GRAUWERT

Der typografische »Grauwert« macht eine Aussage über die Hell-Dunkel-Wirkung eines Textes. Je mehr Schrift sich auf einer Seite befindet, desto höher ist der Grauwert.
Die Lesbarkeit eines Textes kann durch einen zu hohen Grauwert negativ beeinträchtigt werden. Der Text kann dann wie eine Bleiwüste wirken.
Um den Grauwert zu optimieren, müssen Schrift, Wortabstand, Zeilenlänge und Zeilenabstand aufeinander abgestimmt werden.

Tipp: Der Grauwert lässt sich nicht am Bildschirm beurteilen.

↗ Bleiwüste

Dies hier ist ein Blindtext zum Testen von Textausgaben. Wer diesen Text liest, ist selbst schuld. Der Text gibt lediglich den Grauwert der Schrift an. Ist das wirklich so? Ist es gleichgültig, ob ich schreibe: Dies ist ein Blindtext oder »Huardest gefburn«? Kjift – mitnichten! Ein Blindtext bietet mir wichtige Informationen. An ihm messe ich die Lesbarkeit einer Schrift, ihre Anmutung, wie harmonisch die Figuren zueinanderstehen und prüfe, wie breit oder schmal sie läuft. Ein Blindtext sollte möglichst viele verschiedene Buchstaben enthalten und in der Originalsprache gesetzt sein. Er muss keinen Sinn ergeben, sollte aber lesbar sein. Fremdsprachige Texte wie »Lorem ipsum« dienen nicht dem eigentlichen Zweck, da sie eine falsche

Anmutung vermitteln. Dies hier ist ein Blindtext zum Testen von Textausgaben. Wer diesen Text liest, ist selbst schuld. Der Text gibt lediglich den Grauwert der Schrift an. Ist das wirklich so? Ist es gleichgültig, ob ich schreibe: Dies ist ein Blindtext oder »Huardest gefburn«? Kjift – mitnichten! Ein Blindtext bietet mir wichtige Informationen. An ihm messe ich die Lesbarkeit einer Schrift, ihre Anmutung, wie harmonisch die Figuren zueinander stehen und prüfe, wie breit oder schmal sie läuft. Dies hier ist ein Blindtext zum Testen von Textausgaben. Wer diesen Text liest, ist selbst schuld. Der Text gibt lediglich den Grauwert der Schrift an. Ist das wirklich so? Ist es gleichgültig, ob ich schreibe: Dies ist ein Blindtext oder »Huardest gefburn«? Kjift – mitnichten! Ein Blindtext bietet mir wichtige Informationen. An ihm messe ich die Lesbarkeit einer Schrift, ihre Anmutung, wie harmonisch die Figuren zueinanderstehen und prüfe, wie breit oder schmal sie läuft. Ein Blindtext sollte möglichst viele verschiedene Buchstaben enthalten und in der Original-

sprache gesetzt sein. Er muss keinen Sinn ergeben, sollte aber lesbar sein. Fremdsprachige Texte wie »Lorem ipsum« dienen nicht dem eigentlichen Zweck, da sie eine falsche Anmutung vermitteln.
Dies hier ist ein Blindtext zum Testen von Textausgaben. Wer diesen Text liest, ist selbst schuld. Der Text gibt lediglich den Grauwert der Schrift an. Ist das wirklich so? Ist es gleichgültig, ob ich schreibe: Dies ist ein Blindtext oder »Huardest gefburn«? Kjift – mitnichten! Ein Blindtext bietet mir wichtige Informationen. An ihm messe ich die Lesbarkeit einer Schrift, ihre Anmutung, wie harmonisch die Figuren zueinanderstehen und prüfe, wie breit oder schmal sie läuft. Ein Blindtext sollte möglichst viele verschiedene Buchstaben enthalten und in der Originalsprache gesetzt sein. Er muss keinen Sinn ergeben, sollte aber lesbar sein. Fremdsprachige Texte wie »Lorem ipsum« dienen nicht dem eigentlichen Zweck, da sie eine falsche Anmutung vermitteln. Dies hier ist ein Blindtext zum Testen von Textausgaben. Wer diesen Text liest, ist selbst schuld. Der Text gibt lediglich den Grauwert der Schrift an. Ist das wirklich so? Ist es gleichgültig, ob ich schreibe: Dies ist ein Blindtext oder »Huardest

HOCHZEIT

Wenn Wörter oder Textpassagen doppelt gesetzt werden, dann halten sie »Hochzeit«.
Eine »Hochzeit« entsteht typischerweise durch das Hin- und Herkopieren von Wörtern oder Textstellen bei der Manuskriptbearbeitung oder im Satz.

↗ **Leiche | Grab**

Heinz und Erika halten halten Hochzeit.

HURENKIND

Ein »Hurenkind« ist die letzte Zeile eines Absatzes, die am Anfang einer neuen Seite oder Spalte steht. Es sticht aus dem Satzbild hervor und wirkt dadurch störend und irritierend. Das Hurenkind gilt als typografische Sünde und sollte unbedingt vermieden werden. Durch Veränderung der Wortabstände oder durch Trennungen kann es »eingebracht« oder »ausgetrieben« werden.
Setzer:innen markieren Hurenkinder im Umbruch, die nicht durch typografische Tricks behoben werden können. Lektor:innen müssen dann den Text kürzen oder einen Absatz entfernen.
Eine andere Bezeichnung für Hurenkind ist »Witwe«.

Merksatz: »Ein Hurenkind weiß nicht, wo es herkommt, ein Schusterjunge nicht, wo er hingeht.«

↗ Schusterjunge

es kein Hurenkind!«

Wie beiläufig, beim Umblättern der Buchseiten, habe ich Dein *B* berührt. Man hatte Dich mir als Type geschildert, der man in allen Bibliotheken begegnet: sehr belesen, doch eher unscheinbar, von etwas altmodelnder Art. Mir aber gefiel Deine Anmutung, kleine Antiqua. Nicht zu verschweigen Deine weiblichen Rundungen, Deine *Os* und Dein verlockendes *V*, das sich mit deutlichem Duktus durch das feine Dünndruckpapier wie in seidenen Dessous abdrückte. Mein Puls beschleunigte seine Frequenz. Wieder wollte ich Dich berühren. Und konnte kaum den Windstoß erwarten, der meine Textseite zu Dir zurückblies. Was nur sollte ich sagen, während Du mich mit Deinen ausdrucksvollen *As* ansahst? Vielleicht zunächst ein sachliches Gespräch über die Vorzüge der Links- oder Rechtsbündigkeit mit Dir beginnen. Ganz unauffällig konnte ich so Deine schlanken Ober- und Unterlängen studieren und den Anblick Deiner zierlichen Füßchen und Serifen genießen. Nach einer gewissen Laufweite fasste ich mir ein Herz, Dich zu einem Zwiebelfisch-Imbiss einzuladen. Wir schlürften alten Linotype-Wein aus schlanken Versalien. Und unsere Gefühle wurden tiefer, unsere Haltung kursiver. »Ach, ich wünsche mir«, hauchtest Du, »einen süßen, kleinen Schusterjungen von Dir.« »Hoffentlich«, dachte ich, »wird es kein Hurenkind!«

Wie beiläufig, beim Umblättern der Buchseiten, habe ich Dein *B* berührt. Man hatte Dich mir als Type geschildert, der man in allen Bibliotheken begegnet: sehr belesen, doch eher unscheinbar, von etwas altmodelnder Art. Mir aber gefiel Deine Anmutung, kleine Antiqua. Nicht zu verschweigen Deine weiblichen Rundungen, Deine *Os* und Dein verlockendes *V*, das sich mit deutlichem Duktus durch das feine Dünndruckpapier wie in seidenen Dessous abdrückte. Mein Puls beschleunigte seine Frequenz. Wieder wollte ich Dich berühren. Und konnte kaum den Windstoß erwarten, der meine Textseite zu Dir zurückblies. Was nur sollte ich sagen, während Du mich mit Deinen ausdrucksvollen *As* ansahst? Vielleicht zunächst ein sachliches Gespräch über die Vorzüge der Links- oder Rechtsbündigkeit mit Dir beginnen. Ganz

FALSCHE KAPITÄLCHEN

Versalien sind Großbuchstaben.

Kapitälchen sind Kleinbuchstaben in Form von Großbuchstaben. Größe und Strichstärke sind dabei an die Kleinbuchstaben angepasst. Mit Kapitälchen lassen sich Textstellen oder Überschriften elegant hervorheben, ohne dabei aufdringlich zu wirken. Ähnlich wie kursive Wörter fügen sie sich dabei harmonisch ins Satzbild ein. Fett gesetzte Wörter oder Versalien hingegen stören den Lesefluss.
Wenn Kapitälchen mit einem Anfangsversal gesetzt werden, entspricht dieser als einziger dem Großbuchstaben der Schrift. Ob man Kapitälchen mit Anfangsversal setzt oder ohne, sollte innerhalb eines Buches oder eines Textes immer einheitlich angewendet werden.
Kapitälchen sind ein eigener Schriftschnitt und Teil jeder gut ausgebauten Schriftfamilie. Weil jedoch nicht jede Schrift über Kapitälchen verfügt, kann man der Versuchung erliegen, falsche Kapitälchen zu generieren, indem man Großbuchstaben verkleinert darstellt. Davon ist abzuraten, da dann Strichstärke und Laufweite der Schrift nicht harmonieren.

»Benutzen Sie echte Kapitälchen oder lassen Sie es bleiben.« ***John D. Berry***

FALSCH
falsch
FALSCHE KAPITÄLCHEN
falsch
falsch
falsch
falsch
ECHTE KAPITÄLCHEN
ECHT
100%
echt
echt echt echt

FALSCHE KURSIVE

Kursive Schrift ist immer ein eigener Schriftschnitt, der zur Auszeichnung von Textstellen verwendet wird. In einigen Programmen kann man die verwendete Schrift schräg stellen, auch wenn es für diese Schrift keinen kursiven Schriftschnitt gibt. Die dadurch erzeugte »falsche Kursive« sieht verzerrt aus und weist ungleichmäßige Strichstärken auf.

Tipp: Häufig erkennt man falsche Kursive am »a«.

a
regular
a
falsche Kursive
a
echte Kursive

LÄUSEDARM

»Läusedarm« ist ein alter Begriff für einen nicht registerhaltigen Satz. Hier stehen die Zeilen der Vorder- und Rückseite nicht exakt aufeinander, sie halten nicht »Register«.
Insbesondere bei Büchern mit dünnem Papier scheint der Text der Rückseite auf der Vorderseite durch. Hier beeinträchtigt ein Läusedarm die Lesbarkeit sehr. Steht der Text hingegen immer auf der gleichen Grundlinie, scheint der Text der folgenden Seite nur noch bei Leerzeilen und nicht voll ausgefüllten Zeilen durch. Das Satzbild wirkt ruhiger und ausgeglichener.

Tipp: In Layoutprogrammen können alle Zeilen am sogenannten Grundlinienraster ausgerichtet werden.

↗ Durchscheinen

Läusedarm Läusedarm

Läusedarm ist eine scherzhafteBezeichnung
für einen nicht registerhal tigen Satz.

Läusedarm ist eine scherzhafteBezeichnung
für einen nicht registerhal tigen Satz.

Läusedarm ist eine scherzhaf eBezeichnung
für einen Läusedarm
nicht registerhal tigen Satz.
Läusedarm

LEICHE | GRAB

Von einer »Leiche« spricht man, wenn ein Buchstabe oder ein ganzes Wort im Text fehlen.
Als »Grab« bezeichnet man das Korrigieren des Fehlers: »Die Leiche wird begraben«.
Wenn etwa ein ganzes Wort eingefügt werden muss, kann es zu ungewollten Umbruchveränderungen kommen. Dann wird versucht, ein »Grab zu schaufeln«, also mit typografischen Tricks Platz für das fehlende Wort zu schaffen, z. B. durch Ändern der Wortabstände.

↗ Hochzeit
↗ Korrekturzeichen

Dies hier ist ein Blindtext zum Testen von Textausgaben. Wer diesen Text liest, ist selbst schuld. Der ☠ gibt lediglich den Grauwert der Schrift an. Ist das wirklich so? Ist es gleichgültig ob ich schreibe: »Dies ist ein ☠« oder »Huardest gefburn«? Kjift-mitnichten! Ein Blindtext bietet mir wichtige Informationen. An ☠ messe ich die Lesbarkeit einer Schrift, ihre Anmutung, wie harmonisch die Figuren zueinander stehen ☠ prüfe, wie breit oder schmal sie läuft. Ein Blindtext sollte möglichst viele verschiedene Buchstaben enthalten und in ☠ Originalsprache gesetzt sein. Er muß keinen Sinn ergeben, sollte aber lesbar sein. Fremdsprachige Texte wie »Lorem ipsum« dienen nicht dem eigentlichen Zweck, da sie eine falsche Anmutung vermitteln.

FALSCHE LIGATUR

Wortfuge ist die Nahtstelle zwischen den Teilen eines zusammengesetzten Wortes.

Gehen zwei oder mehr Buchstaben eine Einheit ein und verschmelzen zu einem Zeichen, so spricht man von einer »Ligatur«. Ihren Ursprung haben Ligaturen im Bleisatz und werden eingesetzt, um das Schriftbild zu harmonisieren und die Lesbarkeit zu verbessern. Ligaturen gehören zu den Sonderzeichen.
Falsche Ligaturen sind falsch angewendete Ligaturen. Denn Ligaturen werden nicht gesetzt, wenn die Buchstaben der Ligatur über eine Wortfuge reichen.
Per »Suchen und Ersetzen«-Funktion können falsche Ligaturen gesucht und ersetzt werden.

Regel: Getrennt gesprochene Buchstaben werden nicht in »Ligatur« gesetzt.

↗ Korrekturzeichen

Richtig

Typografie (Typo-grafie)
Schiff (Schiff)
Kaufläche (Kau-fläche)

Falsch

Kaufleute (Kauf-leute)
Auflage (Auf-lage)
höflich (höf-lich)

Beispiel

ch ck ct fä fb ff ffb ffh ffi ffk ffl fh

fi fj fk gi im ih ip ir it sh sk sp st

LÖCHRIGER SATZ

Eine zu weit gesetzte Zeile oder mehrere Zeilen, die zu große und ungleichmäßige Wortabstände haben, erzeugen ein löchriges Satzbild. Ursache kann hier eine falsche Einstellung im Textverarbeitungs- oder Layoutprogramm sein, aber auch ein zu schmaler Satzspiegel mit einer zu großen Schrift. Das sollte unbedingt vermieden werden, damit der Lesefluss nicht gestört wird. »Gasse« und »Gießbach« können auch ein löchriges Satzbild erzeugen.

Tipp: Hersteller:innen schauen sich kritische Seiten gern auch mal verkehrt herum an, weil sie so das Satzbild besser beurteilen können.

↗ Gasse | Gießbach
↗ Korrekturzeichen

Dies hier ist ein Blindtext zum Testen von Textausgaben. Wer diesen Text liest, ist selbst schuld. Der Text gibt lediglich den Grauwert der Schrift an. Ist das wirklich so? Ist es gleichgültig, ob ich schreibe: Dies ist ein Blindtext oder »Huardest gefburn«? Kjift – mitnichten! Ein Blindtext bietet mir wichtige Informationen. An ihm messe ich die Lesbarkeit einer Schrift, ihre Anmutung, wie harmonisch die Figuren zueinander stehen und prüfe, wie breit oder schmal sie läuft. Ein Blindtext sollte möglichst viele verschiedene Buchstaben enthalten und in der Originalsprache gesetzt sein. Er muss keinen Sinn ergeben, sollte aber lesbar sein. Fremdsprachige Texte wie »Lorem ipsum« dienen nicht dem eigentlichen Zweck, da sie eine falsche Anmutung vermitteln.

Dies hier ist ein Blindtext zum Testen von Textausgaben. Wer diesen Text liest, ist selbst schuld. Der Text gibt lediglich den Grauwert der Schrift an. Ist das wirklich so? Ist es gleichgültig, ob ich schreibe: Dies ist ein Blindtext oder »Huardest gefburn«? Kjift – mitnichten! Ein Blindtext bietet mir wichtige Informationen. An ihm messe ich die Lesbarkeit einer Schrift, ihre Anmutung, wie harmonisch die Figuren zueinander stehen und prüfe, wie breit oder schmal sie läuft.

Ein Blindtext sollte möglichst viele verschiedene Buchstaben enthalten und in der Originalsprache gesetzt sein. Er muss keinen Sinn ergeben, sollte aber lesbar sein. Fremdsprachige Texte wie »Lorem

↓ Tipp ↑

PLENK | KLEMP

Wird vor einem Satzzeichen, wie z. B. vor Komma, Punkt oder Ausrufezeichen, fälschlicherweise ein Leerzeichen gesetzt, spricht man abwertend vom »Plenken« – abgeleitet vom englischen Wort »blank« für Leerzeichen. Abgesehen davon, dass Leerzeichen vor Satzzeichen nicht verwendet werden, können Zeilenumbrüche unschöne Effekte erzeugen. Das Gegenstück, also das Weglassen vom Leerzeichen nach einem Satzzeichen, nennt sich »Klempen«. Das Wort Klemp leitet sich von dem englischen Wort »clamp« (für Schraubzwinge, das mit dem deutschen Wort Klammer verwandt ist) her. Es bedeutet, dass zwei Wörter zu nah aneinandergeklemmt beziehungsweise -geklammert werden.

Vor Komma ,
und Punkt .
Ausrufezeichen !
Fragezeichen ?
(und bei Klammern)

kommen keine
Leerzeichen!

Klempen

Komma,nach
Punkt.Nach
...

kommen Leerzeichen!

RECHTSCHREIBFEHLER

»Rechtschreibfehler« können bei der Manuskripterstellung entstehen. Ebenso durch (Auto-)Korrekturen bei der Manuskriptbearbeitung oder durch Korrekturen im Satzlauf.
Die meisten Rechtschreibfehler werden in den Satzläufen gefunden und anhand von Korrekturzeichen angezeichnet und korrigiert. Aber es bleiben doch immer mal wieder Fehler stehen, die dann den Lesefluss stören können.
Je besser die Autorin oder der Autor von Anfang an das Manuskript verfasst, umso weniger Fehler können durchrutschen.

Tipp: Per »Suchen und Ersetzen«-Funktion können die meisten typischen Fehler gesucht und getilgt werden.

Zeichensetzungsfehler

Wir essen jetzt Opa!

Wir essen jetzt, Opa!

Fehler

FEHLER

lauern überall!!

Tipp Ex

Tippfehler

Ein typischer Tippfehler ist »Beispeil«.
(Buchstabendreher im Wort »Beispiel«.)

Autokorrektur

Schweinwerferlicht 

SCHUSTERJUNGE

Wenn die erste Zeile eines Absatzes als einzelne Zeile am Ende einer Seite oder Spalte steht, spricht man von einem »Schusterjungen«.
Ein Schusterjunge gilt wie das »Hurenkind« als ästhetisch störend, wird aber eher toleriert. Den Schusterjungen, der auch »Waisenkind« genannt wird, findet man in Büchern daher häufig.

↗ Hurenkind

Wie beiläufig, beim Umblättern der Buchseiten, habe ich Dein *B* berührt. Man hatte Dich mir als Type geschildert, der man in allen Bibliotheken begegnet: sehr belesen, doch eher unscheinbar, von etwas altmodelnder Art. Mir aber gefiel Deine Anmutung, kleine Antiqua. Nicht zu verschweigen Deine weiblichen Rundungen, Deine *Os* und Dein verlockendes *V*, das sich mit deutlichem Duktus durch das feine Dünndruckpapier wie in seidenen Dessous abdrückte. Mein Puls beschleunigte seine Frequenz. Wieder wollte ich Dich berühren. Und konnte kaum den Windstoß erwarten, der meine Textseite zu Dir zurückblies. Was nur sollte ich sagen, während Du mich mit Deinen ausdrucksvollen *As* ansahst? Vielleicht zunächst ein sachliches Gespräch über die Vorzüge der Links- oder Rechtsbündigkeit mit Dir beginnen. Ganz unauffällig konnte ich so Deine schlanken Ober- und Unterlängen studieren und den Anblick Deiner zierlichen Füßchen und Serifen genießen. Nach einer gewissen Laufweite fasste ich mir ein Herz, Dich zu einem Zwiebelfisch-Imbiss einzuladen. Wir schlürften alten Linotype-Wein aus schlanken Versalien. Und unsere Gefühle wurden tiefer, unsere Haltung kursiver. »Ach, ich wünsche mir«, hauchtest Du, »einen süßen, kleinen Schusterjungen von Dir.« »Hoffentlich«, dachte ich, »wird es kein Hurenkind!«

Wie beiläufig, beim Umblättern der Buchseiten, habe ich Dein *B* berührt. Man hatte Dich mir als Type geschildert, der man in allen Bibliotheken begegnet: sehr belesen, doch eher unscheinbar, von etwas altmodelnder Art. Mir aber gefiel Deine Anmutung, kleine Antiqua. Nicht zu verschweigen Deine weiblichen Rundungen, Deine *Os* und Dein verlockendes *V*, das sich mit deutlichem Duktus durch das feine Dünndruckpapier wie in seidenen Dessous abdrückte. Mein Puls beschleunigte seine Frequenz. Wieder wollte ich Dich berühren.

Und konnte kaum den Windstoß

ZWIEBELFISCH

Wenn ein Buchstabe innerhalb eines Wortes in einer anderen Schrift oder einem anderen Schriftschnitt gesetzt wird, spricht man von »Zwiebelfisch«.
Der Begriff stammt noch aus Bleisatzzeiten. Der Fehler entstand damals durch falsches Ablegen der Lettern im Setzkasten.
Zwiebelfische kommen auch heute noch vor, wenn z. B. beim Setzen die Schrift vom Manuskript ausgetauscht und dabei versehentlich ein Buchstabe oder Wort übersehen wird.

Tipp: Es empfiehlt sich, in einem Layoutprogramm nicht angewendete Schriften aus dem druckreifen Dokument herauszulöschen.

↗ Korrekturzeichen

ZWIEBELFISCH

»Ein Moiré-Effekt kann auch als Kunst betrachtet werden.«

Cosima Schneider

REPRO

Makel, die in der »Repro« entstehen, erzeugen Störbilder in Abbildungen.

Während im »Satz« der Text in Form gebracht wird, läuft die Bildbearbeitung in der »Repro«. Hier werden die Abbildungen für den Druck aufbereitet. Statt Repro wird auch häufig der Begriff »Litho« (von Lithografie) verwendet.
Gängige Grafikprogramme machen es möglich, dass mittlerweile viele Tätigkeiten der Repro, wie Scannen, Freistellen, Farbkonvertierungen von allen ausgeführt werden können. Das heißt, mit etwas Fachwissen und entsprechender Software können Daten für den Druck selbst vorbereitet werden. Da die Verantwortung zugleich sehr hoch ist und Fehler im Druck kostspielig sein können, empfiehlt es sich, für professionelle Ergebnisse eine Reproanstalt zu beauftragen.

BLITZER

Werden beim Drucken die Farben nicht »passergenau« gedruckt, kann es bei unmittelbar aneinanderstoßenden Farbflächen zu unbedruckten Stellen führen. Diese Stellen nennt man »Blitzer«.
Um diese versehentlich unbedruckten Bereiche zu vermeiden, ist es sinnvoll, die Farben zu überfüllen. Bei diesem auch »Trapping« genannten Prozess werden benachbarte Farben an ihrem gemeinsamen Rand leicht über- oder unterfüllt. Dabei ist es wichtig, die hellere Farbfläche so anzulegen, dass sie die danebenliegende dunklere Fläche überlappt.

Randabfallende Bilder reichen bis zum Papierrand.

Des Weiteren können Blitzer bei randabfallenden Bildern durch Schneidetoleranzen des Endbeschnitts entstehen. Daher wird bei randabfallenden Bildern eine Beschnittzugabe von 3 mm empfohlen. Als nicht herstellerisch bedingte Blitzer bezeichnet man außerdem alle in Bildkanten »hineinblitzenden« Elemente (oft als hauchfeine Linien), die in der Vorstufe nicht über das genaue Positionieren des Bildes im Rahmen oder Retuschen entfernt worden sind.

↗ **Passerungenauigkeit**

tatü
tata!
Wurm-Polizei
110
Blitzer

MOIRÉ

Beim Vierfarbendruck wird durch Cyan, Magenta, Gelb und Schwarz eine Vielzahl von Farben erzeugt.

Die Farben beim Vierfarbendruck werden als Muster aus winzigen unterschiedlich großen Punkten, im sogenannten »AM-Raster« (amplitudenmoduliertes Raster), angeordnet. Dabei entsteht ein feines Rosettenmuster, welches im Druck den Eindruck gleichmäßig aufgetragener Farbe erzeugt. Beim Überlappen der Raster kann die Rosette deutlich sichtbar werden, wenn z. B. ein Raster einen falschen Winkel hat oder nicht registerhaltig gedruckt wird. Der Eindruck des gleichmäßigen Farbauftrags wird dann gestört. Das Störmuster bezeichnet man als »Moiré«.
Der Moiré-Effekt tritt vorallem bei Reproduktionen von Geweben oder Karomustern auf. Aber auch dann, wenn aus bereits gedruckten Vorlagen gedruckt wird, weil dabei die Raster überlagert werden.
Das Problem bei diesem Effekt ist, dass er im Proof nicht simuliert werden kann, sondern erst im Druck erkennbar wird. Bei schwierigen Vorlagen empfiehlt es sich, beim Scannen die Entrasterungsfunktion zu nutzen.
Eine Alternative zur konventionellen Rasterung ist die »FM-Rasterung« (frequenzmoduliertes Raster), bei der kein Farbmoiré entsteht, da die Bildpunkte nicht in bestimmten Abständen und Winkeln verteilt werden.

Tipp: Beim Zusammenkneifen der Augen sind die Rosetten deutlicher zu sehen.

↗ Passerungenauigkeit

Moiré Moiré

PUNKTZUWACHS

Rasterpunkte werden aus einer bestimmten Anzahl von Pixeln (Bildpunkten) in einem Raster aufgebaut, wobei die Anzahl der Pixel pro Quadratzoll je nach Papier variiert.

Die Vergrößerung des Rasterpunktes beim Drucken auf unterschiedlichen Papiersorten wird »Punktzuwachs« genannt. In der Regel werden die Punkte größer, wenn die nasse Farbe vom Papier aufgenommen wird und sich dabei ausbreitet. Saugfähigere Papiere führen zu stärkerem Punktzuwachs.
Wenn der Punktzuwachs zu groß ist, werden Farben dunkler ausgegeben als beabsichtigt. Schrift und Abbildungen wirken schwerer, was in der Repro berücksichtigt werden muss.
Punktzuwachs wird auch »Tonwertzunahme« genannt.

Punkt
Zuwachs
Punkt
Zuwachs

TREPPENEFFEKT

Eine Vektorgrafik ist ein Bild aus Linien und Kurven, das ohne Qualitätsverlust skalierbar ist. Das Gegenteil ist eine Rastergrafik, ein Bild aus Pixeln in einem Raster. Es kommt hier zum Qualitätsverlust, wenn das Bild zu sehr hochskaliert wird.

Wenn eine Vektorgrafik vor der Ausgabe gerastert oder eine Pixelgrafik stark vergrößert wird, kann es zum »Treppeneffekt« (Aliasing) kommen.
Der Name Treppeneffekt rührt von dem treppenartigen Erscheinungsbild an den Kanten von Rasterbildern oder -buchstaben.
Dieser Effekt kann mit einer Kantenglättung (Anti-Aliasing) reduziert werden. Dabei werden an den Kanten Pixel hinzugefügt, die eine Mischung aus dem Rasterbild oder -buchstaben und der Hintergrundfarbe darstellen. Ist die Abbildung schwarz und der Hintergrund weiß, werden graue Pixel an den Kanten addiert. Das Auge wird dabei optisch getäuscht. Die Kanten wirken nicht mehr so »pixelig«.
Der Nachteil hierbei ist, dass die Kantenschärfe nachlässt.

nicht geglättet
Pixel hinzufügen
Anti-Aliasing
YES
geglättet

»Papier ist für mich keine lästige Notwendigkeit, sondern etwas zutiefst Sinnliches. Papier hat Geruch. Papier hat Aura. Die Schönheit eines Buchs ist ein Teil seiner Botschaft.«

Gerhard Steidl

PAPIER

Makel im Papier können sich negativ auf den Druckvorgang auswirken.

Die Auswahl und Qualität des Papiers sind ganz entscheidend für die Haptik und die Lesefreundlichkeit eines Buches. Daher wird ein großes Augenmerk auf die Auswahl des Papiers in Abhängigkeit vom Buchgenre gelegt.
Kunstbücher werden z. B. auf Kunstdruckpapier (gestrichenem Papier), Belletristik hingegen eher auf Werkdruckpapier (ungestrichenem Naturpapier) gedruckt. Die Färbung (weiß ist nicht gleich weiß), die Oberflächenbeschaffenheit (glänzend, matt, glatt oder rau) und die Grammatur eines Papiers beeinflussen entscheidend den Eindruck eines Buches.
Tatsächlich sind die Kosten für Papier eine wichtige Komponente bei den Herstellungskosten.
Häufig beziehen Verlage Papier über die Druckereien. Bei Problemen kontrolliert und reklamiert daher auch die Druckerei die mangelhafte Ware.

RANDWELLIGKEIT

Nimmt Papier zu viel Feuchtigkeit auf, kann es zu »Randwelligkeit« kommen. Wenn im Druck über das Feuchtmittel Wasser in das Papier gelangt, sind als Folge die Papierränder nicht mehr glatt, sondern gewellt. Gerade bei saugfähigem Papier ist dieses Problem verbreitet.
Auch Schwankungen bei Temperatur und Luftfeuchtigkeit können dem Papier schaden. Deshalb ist es wichtig, Papier unter konstanten Bedingungen zu lagern und zu verarbeiten.

Tipp: Bei Papier ist auf eine Lagerung unter Normklima mit 50 bis 55 % relativer Luftfeuchtigkeit und einer Temperatur von 20 bis 22 °C zu achten.

↗ Dublieren
↗ Tellerbildung

Rand-
wellig-
keit

TELLERBILDUNG

Von »Tellerbildung« spricht man, wenn sich Papier aufgrund von ungünstigen Klimaeinflüssen wölbt.
Die Ursache hierfür liegt in der Austrocknung der Papierränder. Lagert man einen Papierstapel in einem Raum mit zu trockener Luft, kann er an den Papierrändern außen austrocknen, während innen die Stapelfeuchte nur langsam abnimmt. Die Papierfasern der Außenseiten des Papierstapels verkürzen sich, während sie in der Mitte gleich bleiben. Als Folge wölbt sich der Papierstapel.
Gewölbtes Papier lässt sich im Druck nur schwer oder gar nicht verarbeiten.

↗ **Dublieren**
↗ **Randwelligkeit**

ungünstiges
Klima

VERGILBEN

Ob Papiere »vergilben«, hängt von ihrem Holzgehalt ab. Holzhaltige Papiere verfärben sich unter Sonnenlichteinfluss gelblich und werden mit der Zeit immer dunkler. Holzfreie Papiere neigen nicht zum Vergilben, weil sie weniger Lignin enthalten, das für die Verfärbung verantwortlich ist.
Erst seit den 1990er-Jahren sind sich Papier- und Buchhersteller:innen und Verleger:innen des Problems des Papierzerfalls bewusst und setzen seitdem überwiegend alterungsbeständiges holzfreies Papier für die Buchherstellung ein.

Blick ins Buch
Gärtnern für Begi
Gärtnern für Beginner
Gärtner-
regel
Pflanzen, die oft ver-
setzt werden,
gedeihen nicht.

WOLKIGKEIT

Bei gestrichenen Papieren (Kunst- oder Bilderdruckpapieren) ist die Oberfläche geglättet.

»Wolkigkeit« ist ein Farbannahmeproblem. Insbesondere bei gestrichenen Papieren kann es durch das gegenseitige geringfügige Abstoßen der Druckfarben zu einem ungleichmäßigen Farbauftrag kommen. Homogene Farbflächen sehen im Druckergebnis dann wolkig, fleckig oder streifig aus. Wolkigkeit wird auch »Mottling« genannt.

↗ Abstoßen

SUN
Wolkigkeit

»Seien Sie vorsichtig mit Gesundheitsbüchern – Sie könnten an einem Druckfehler sterben.«

Mark Twain

DRUCK

Makel im Druck können unter Umständen zum Neudruck einer ganzen Auflage führen.

In der Druckphase werden die in der Druckvorstufe (Satz und Repro) erzeugten Daten gedruckt und anschließend die bedruckten Rohbogen zur Bindung an die Buchbinderei geliefert.
Sogenannte Medienstandards definieren, wie Daten und Proofs aufbereitet sein müssen, damit eine möglichst reibungsarme und fehlerfreie Druckproduktion möglich ist. Dennoch kommt es im Druck auf das Zusammenspiel von Qualität der Druckdaten, gewählten Papieren und dem Druck als solchen an. Drucktechnische Makel können weitestgehend nur durch optische Kontrollen während des Druckprozesses erkannt werden.
Die aufgeführten Verfahrensfehler beziehen sich auf den Offsetdruck, das gängigste Druckverfahren für die Buchproduktion.

Rohbogen sind bedruckte Papierbogen, die noch ungefalzt sind.

ABLIEGEN

Der Abdruck noch feuchter Farbe auf den Rückseiten der im Stapel übereinanderliegenden Bogen wird als »Abliegen« bezeichnet.
Durch Auftragen einer dünnen Schutzschicht z. B. aus Kalkstaub zwischen den Druckbogen kann der Effekt verhindert werden.
Abliegen ist einer der häufigsten Makel im Bereich »Druck«. Das liegt vor allem daran, dass durch die eng gesetzten Termine zwischen Druck und Weiterverarbeitung der bedruckten Bogen nicht viel Zeit zum Trocknen der Bogen bleibt.
Das Abliegen kann auch durch UV-Druck vermieden werden, der ein schnelleres Trocknen der Druckbogen ermöglicht.

↗ Karbonieren

ABSTOẞEN

Wenn die Farbe nicht vollständig am Papier haftet, spricht man von »Abstoßen«. Zu diesem Effekt kann es durch eine unsachgemäße Behandlung der Druckplatte oder durch kleine Verunreinigungen in oder auf dem Papier kommen.
Der Abstoßeffekt führt zu einer verminderten Farbintensität oder einem wolkigen Ausdruck.

↗ **Wolkigkeit**

WTF
34
Sept.

BUTZEN

Beim Drucken können Schmutzpartikel aus Papierstaub oder Druckfarbe den gleichmäßigen Farbauftrag stören. Im Druckergebnis sind dann kleine Flecken auf dem Papier zu sehen, die sogenannten »Butzen«. Raue Papiersorten verursachen mehr Butzen als glatte, da sich mehr Fasern vom Papier lösen können. Butzen sind zudem deutlicher bei dunkleren Farben und gleichmäßigen Flächen zu erkennen. Sie kommen häufig vor und können das Druckbild sehr stören. Es ist daher auf ein optimales Zusammenspiel von Papier, Druckfarbe und Druckmaschineneinstellung zu achten.

↗ Rupfen

Hallo
Butzen

DUBLIEREN

Unter »Dublieren« versteht man eine doppelte oder mehrfach schattenartige Kontur des Druckbilds.
Die Ursachen sind sehr vielfältig. Unter anderem können fehlerhafte Druckmaschineneinstellungen oder auch eine »Randwelligkeit« oder »Tellerbildung« des Papiers zum Dublieren führen.
Eine einwandfreie Planlage des Papiers beim Drucken kann diesen Effekt verhindern.

Planlage ist ein Begriff für glatt liegendes Papier.

↗ Faltenbildung
↗ Randwelligkeit
↗ Tellerbildung

DUB
lieren
Dublieren

DURCHSCHEINEN

Opazität bezeichnet die Lichtundurchlässigkeit von Papier.

Viskosität bezeichnet die Zähflüssigkeit oder Zähigkeit der Druckfarbe.

Beim »Durchscheinen« wird das Druckbild auf der Rückseite des Papiers sichtbar. Die Ursache hierfür ist meist eine zu geringe Opazität des Papiers, kann aber auch in der Viskosiät der Druckfarbe liegen. Denn je dünnflüssiger die Druckfarbe ist, desto mehr dringt sie beim Drucken in das Papier ein und kann vor allem bei dünnen Papieren das Durchscheinen verursachen. Durchscheinen lässt sich also dadurch verhindern, dass Papierqualität und Farbviskosität optimal aufeinander abgestimmt werden.
Das Durchscheinen ist ein rein optischer Effekt, im Gegensatz zum »Durchschlagen«, bei dem die Druckfarbe das Papier komplett durchdringt.

↗ Durchschlagen
↗ Läusedarm

Stubenfliege
Musca
domestica
Stubenfliege

DURCHSCHLAGEN

Wenn Druckfarbe durch das Papier bis auf die Rückseite dringt, spricht man von »Durchschlagen«. Wie beim Durchscheinen können Opazität des Papiers und Viskosität der Druckfarbe, aber auch der Farbauftrag die Ursache sein. Je geringer die Farbmenge auf dem Papier ist, desto geringer ist das Risiko des Durchschlagens.
Wenn Durchschlagen und Durchscheinen zusammen auftreten, spricht man von »Rückseitenschwärzung«.

Tipp: Der Farbauftrag der Druckdaten sollte nicht 300% überschreiten, weil die Farben sonst nicht schnell genug trocknen und das Papier nicht schnell genug weiterverarbeitet werden kann.

↗ Durchscheinen

Auf Regen folgt
Sonnenschein.
(Post nubila
Phoebus.)
(Sprichwort)

FALTENBILDUNG

Beim Laufen des Papiers durch die Druckmaschine kann es zur »Faltenbildung« kommen. Die Faltenbildung begünstigt häufig weitere Fehler, wie das »Dublieren« oder »Passerungenauigkeiten«.
Eine gute Planlage des Papiers sowie optimale Einstellungen der Druckmaschine helfen, Faltenbildung zu verhindern.

↗ **Dublieren**
↗ **Passerungenauigkeit**

Ich denk
wenn ic
Druckfel
es sei et
erfunde

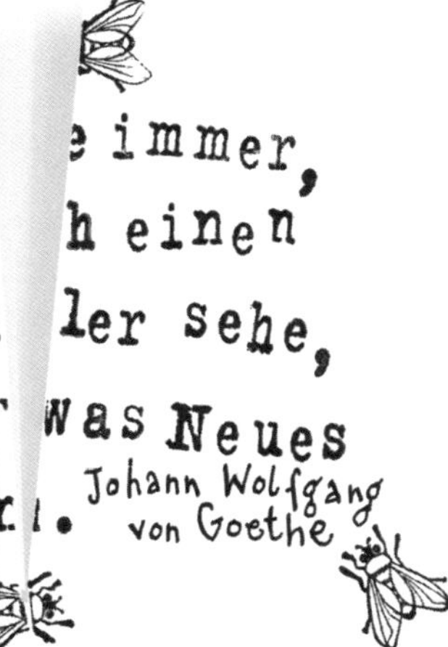
e immer,
h einen
ler sehe,
was Neues
Johann Wolfgang
von Goethe

FARBSPRITZER

Wenn im Druckprozess zu viel Wasser eingesetzt wird, wird die Druckfarbe dünnflüssig. Durch die Rotation beginnt die Farbe zu spritzen und es kommt zu »Farbspritzern« auf dem Papier.

FARB-
SYSTEM
TANK

FLIEGENSCHISS

Ein »Fliegenschiss« ist ein kleiner, nicht zu definierender Punkt auf dem Papier. Da man nicht weiß, wodurch der Punkt entstanden ist, wird er umgangssprachlich Fliegenschiss genannt.

Ich war das NICHT

GEISTEREFFEKT

Beim doppelseitigen Druck wird der erste Druckgang als Schöndruck und der Druck der Rückseite als Widerdruck bezeichnet.

Schwache schattenartige Bildstellen, die sich vor allem in Flächen abzeichnen, werden als »Geistereffekt« bezeichnet. Er ist eine Kontakterscheinung zwischen Schön- und Widerdruck, wobei das Bildmotiv der zuerst gedruckten Schöndruckseite in einer Farbfläche des Widerdrucks erkennbar wird. Geistereffekte entstehen im Druckstapel während des zeitlich unterschiedlichen Trocknungsprozesses der noch nicht durchgetrockneten Farbschicht des Schöndrucks und dem Druckbild des Widerdrucks. Während des Druckvorgangs können Geistereffekte nicht erkannt werden. Zur Vermeidung des Effekts sollte auf eine vollständige Farbtrocknung des Schöndrucks geachtet und die größere Farbfläche im Idealfall im Schöndruck bedruckt werden.

Schöndruck

Widerdruck

FALSCHE LAUFRICHTUNG

Aus Papierrollen können Papiere sowohl in Breitbahn als auch in Schmalbahn geschnitten werden.

Bei der Papierherstellung fließt die Papiermasse auf ein bewegliches Sieb, auf dem sie entwässert wird. Die Fasern richten sich dabei längs zur Bewegungsrichtung des Siebes aus, dies wird »Laufrichtung« genannt. Das frisch produzierte Papier wird anschließend gepresst und getrocknet und zur Papierbahn aufgerollt.
Die Laufrichtung ist in der Buchproduktion von großer Bedeutung. Es ist darauf zu achten, dass alle verwendeten Materialien so zugeschnitten werden, dass die jeweilige Laufrichtung parallel zum Buchrücken verläuft. Bei »falscher Laufrichtung« kann es zu Wellungen kommen oder das Buch lässt sich nicht gut aufschlagen.

Tipp: Die Laufrichtung eines Papiers lässt sich mit der »Reißprobe« feststellen: Beim Einreißen in Laufrichtung entsteht ein glatter Riss, entgegen der Laufrichtung ist der Riss fransig und schief.

↗ Schlechtes Aufschlagverhalten

richtig
Laufrichtung

falsch
Lauf-
richtung

MÖNCH

»Mönch« nennt man Stellen oder ganze Seiten, die aufgrund zu geringen Farbauftrags im Druck blass geblieben sind.
Heute wird dieser Effekt eher als »grau gedruckt« bezeichnet. Der Name leitet sich her von den kahl geschorenen Stellen auf den Köpfen von Mönchen, den Tonsuren.

Tipp: Hersteller:innen prüfen, ob ein Buch gleichmäßig gedruckt wurde, indem sie es bei Tageslicht komplett durchblättern.

Borerist esciunt viducie ntemoles erit aut faccus aut re aut illupta dolecto rrovit que posa ad ullab idenis reptur autenis ducipicid quossuntem erioris cipsaep ersperore, sam quo debita erit, vid que ratenectur alia voluptatus.

Im aut laborpor rem quunt quibust, volupta tessim quam fuga. Ut essit et lam et utatiuntem velic tem dolupidebis rem int autaquis ent aut optas acere dipsandae pa everuptum quiam nus dis doluptatus dolore et, quis paria eate non eicienime vent et et restis veruptas sinciur?

Ficia dis ne volores es nest prerspi endessintur? Quis dolorro ma autem int optatem voluptur arum quis qui vel inum quod ma sequaspis magnien imustrum et lam, invelen iscipsunt aliquia ditibusa cust, cuptur?

Harum diosto eatem. Anditin rae niendae voluptati beatem et pro bea volorum dolectia voluptat rescieniam nobitat.

Luptasp elignim agnihic itatia aut pe nonsendandi ut optat expelig nientem invellorum illaccae volupta doluptur res que solum voluptio doluptatem etur, volore que nobition rerum eos et quunda conseque occus alit occae et, aut aut ratiumquae nonsecae nis mossusa musapid ucimi, aut anto mo ent, sunt quae nonecaboris exerspitibus et illandus eatia quiae qui is esto evelles dusam faccum atem. Harcipicius, que repratiam iur, sinihil eaquia nim vollaboribus dolupta tiurita sperum, sim velibusa corporum fuga. Nempore, unt.

Eprae acepudamus quod quam, am est laut ab is sandit est, ernam, ut fuga. Nam lacius esti invelit ut ipsam, sitis et molorerat volut abo. Nam, endisti busandic te nossus, inis min et quasi dolorei uscimus suntem reius nonseribus explaccate non conet lab invendis ex et, ut iur soloratem atet evelia si coribuscia veles restion nos et repuda con commolorit, amus rem et harunt essi quae officil latur, officienti conserit aut que volo culloriore aut qui iliquib eatque essunt et que vit et lacipitation cum, simi, culpa pore ag

PASSERUNGENAUIGKEIT

Beim Mehrfarbendruck gibt es für jede Farbe (CMYK) eine Druckform. Nur wenn diese exakt zueinander ausgerichtet sind, ergibt sich ein scharfes Druckbild.

Beim Mehrfarbendruck muss der Papierbogen exakt ausgerichtet sein, damit die Farben genau übereinandergedruckt werden. Das erfordert eine präzise Einstellung der Druckmaschine.
Da sich Papier während des Druckvorgangs ausdehnt, können »Passerungenauigkeiten« aber in einem gewissen Toleranzbereich nicht ausgeschlossen werden. Passerungenauigkeiten verursachen »Blitzer« oder »Moiré« und lassen das Druckbild unscharf erscheinen.

Tipp: Zur Überprüfung des Passers werden auf dem Druckbogen Passkreuze mitgedruckt, die Farbverschiebungen sofort erkennbar machen.

↗ Blitzer
↗ Moiré

RUPFEN

Das Herausreißen kleinerer oder größerer Teilchen aus der Papieroberfläche während des Druckprozesses bezeichnet man als »Rupfen«. Die herausgerissenen Teilchen stören das Druckbild und beeinträchtigen die Druckqualität.
Rupfen entsteht durch eine zu geringe Oberflächenfestigkeit des Papiers oder zu starken Zug der Druckfarbe. Nämlich dann, wenn die Kleb- oder Haftkraft der Druckfarbe zu hoch ist.
Durch Verändern der Viskosität der Druckfarbe kann die Zugkraft der Farbe verringert und damit der Effekt des Rupfens verhindert werden.
Früher war Rupfen insbesondere ein Problem bei Recyclingpapieren.

↗ **Butzen**

Rupfen

SCHIMMELBOGEN

Der Bogenanleger hat die Aufgabe, die vorgestapelten Druckbogen zu vereinzeln und der Druckmaschine zuzuführen.

Ein Druckbogen, der im Druckvorgang versehentlich auf einer Seite unbedruckt bleibt, wird als »Schimmelbogen« bezeichnet. Dieser entsteht dadurch, dass der Bogenanleger statt eines Bogens zwei aufeinanderliegende Bogen gleichzeitig durch die Druckmaschine zieht. Bleibt der untere Bogen unbemerkt unbedruckt, entstehen leere Buchseiten, die ein Buch unbrauchbar machen, da Textseiten fehlen.

Pferde muss
man nicht
verleihen.
Bauern-
regel
72
Schim-
mel
??
!!

STINKENDES BUCH

Warum riechen manche Bücher nach Waschmittel und andere nach giftigen Chemikalien?
Jedes Buch hat einen eigenen Geruch, obwohl die bei der Buchproduktion eingesetzten Werkstoffe wie Papier, Farbe und Klebstoff (Leim) nahezu geruchlos sind.
Die offene Struktur der Papierfasern begünstigt das Aufnehmen und Abgeben von Stoffen und damit das Ablaufen von chemischen Reaktionen. Als Ergebnis können flüchtige Verbindungen freigesetzt werden und so Gerüche entstehen.
Neue Bücher riechen anders als alte, die mit der Zeit auch Umgebungsgerüche aufnehmen, wie z. B. Tabakrauch oder Schimmel. Dabei ist subjektiv, ob der Geruch eines Buches als gut oder störend empfunden wird.
Die chemischen Reaktionen sind auch heute nicht vorhersehbar. Bücher, die unter gleichen Produktionsbedingungen hergestellt werden, können mal »stinken« und mal nicht.
Wird die Trocknungszeit durch einen speziellen Lack oder UV-Trocknung verkürzt, verkürzt sich auch die Zeit für mögliche chemische Reaktionen und unangenehme Gerüche können vermieden werden.

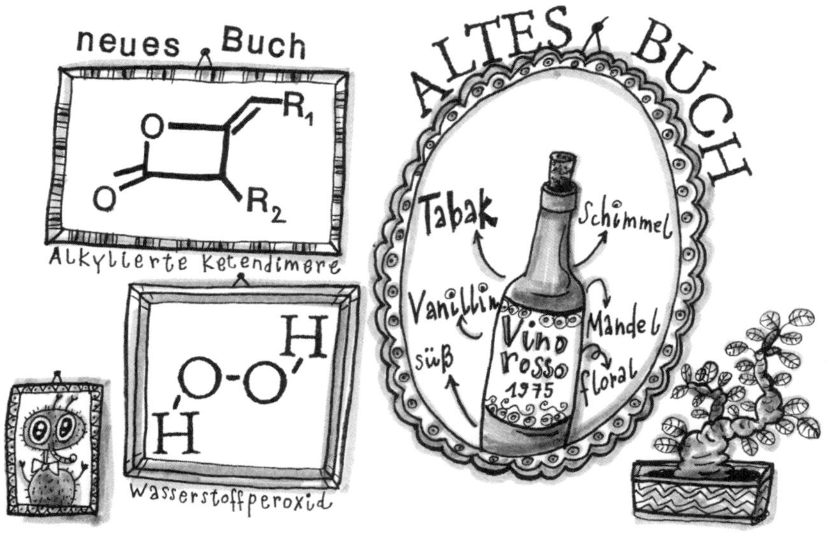
neues Buch
R1
O
O
R2
Alkylierte Ketendimere
H
O-O
H
Wasserstoffperoxid
ALTES BUCH
Tabak
Schimmel
Vanillin
Mandel
süß
floral
Vino
rosso
1975

»Ein Buch, das sich nicht aufschlagen lässt,
kann man eigentlich wegschmeißen.«

Judith Schalansky

BINDUNG

Hier auftretende Makel fallen als Erstes auf. Sie stören die optische und haptische Wahrnehmung des Buches.

Die Buchbinderei steht am Ende der Produktionskette. Hier bekommen Bücher ihre endgültige Form.
Die von der Druckerei gelieferten Rohbogen werden in der Buchbinderei gefalzt, geklebt oder geheftet und so zu Buchblöcken verarbeitet. Die Buchblöcke werden auf das Endformat beschnitten. Aus Karton, Pappe, Leder, Textilien oder Kunststoffen werden Buchdecken und Einbände hergestellt. Arbeiten wie das Prägen der Buchdecken, das Umlegen der Schutzumschläge und das Ankleben der Lesebändchen oder Kapitalbänder erfolgen auch in der Buchbinderei.
Die Buchbinderei übernimmt in der Regel auch das Verpacken und Adressieren der Druckerzeugnisse und stellt sie zum Versand und zur Auslieferung bereit.

Die Buchdecke besteht aus zwei Buchdeckeln und dem Buchrücken.

SCHLECHTES AUFSCHLAGVERHALTEN

Die Wahl des Klebstoffs richtet sich nach dem verwendeten Papier. So eignet sich Hotmelt besser für offenporige Papiere und PUR für gestrichene.

Auch die Wahl des Papiers ist mit entscheidend für das Aufschlagverhalten. Dünne, flexible Papiere lassen sich besser aufschlagen als hochvolumige, steife Papiersorten.

Ein Buch, das sich nicht gut aufschlagen lässt und nicht geöffnet liegen bleibt, sondern die Tendenz zeigt, direkt wieder zuzuklappen, hat ein »schlechtes Aufschlagverhalten«.
Verantwortlich für das Aufschlagverhalten ist die Bindung. Während fadengebundene Bücher sich immer gut aufschlagen lassen, zeigen klebegebundene Bücher oftmals ein schlechtes Aufschlagverhalten.
Ein Grund hierfür kann eine »falsche Laufrichtung« des Papiers sein. Der erstarrte Klebstoff übt dann eine zu große »Klammerwirkung« aus und presst die Seiten am Bund zusammen. Auch der verwendete Klebstoff an sich kann das Aufschlagverhalten negativ beeinflussen. Die unterschiedlichen Klebstoffe, wie Hotmelt, PUR- oder Dispersionsklebstoff, weisen alle eine unterschiedlich starke Klammerwirkung auf, wobei diese beim Hotmelt am stärksten ausgeprägt ist.
Unabhängig von der Wahl des Klebstoffes gilt: Je dicker der Klebstoffauftrag ist, desto weiter dringt dieser in den Buchblock ein und desto stärker ist die Klammerwirkung.
Überdehnt man Bücher mit schlechtem Aufschlagverhalten, kann dies sogar zum »Rückenbruch« führen. Ein Buch, das sich gut aufschlagen lässt, macht das Lesen angenehmer und schont das Buch.

↗ Falsche Laufrichtung
↗ Rückenbruch
↗ Spannen

unangenehm!!
!!
angenehm!!

KARBONIEREN

Beim »Karbonieren« handelt es sich um einen Scheuereffekt, der das Abfärben von Druckfarbe auf die Rückseite eines im Stapel liegenden Bogens (Kohlepapiereffekt) verursacht.
Typischerweise kommt es zu diesem Effekt durch die Druckbelastung auf den Papierstapel beim Schneidevorgang. Als Folge können vor allem randabfallende Flächen oder Bilder sich abscheuern.
Daher ist vor dem Schneiden der Trocknungszustand der Bogen zu prüfen.

↗ **Abliegen**

Bücher
BUCH

ZUGELAUFENE PUNZEN

Zur Veredelung von Büchern werden die Buchdecken von Leinen- oder Pappbänden oftmals mittels Tiefprägung, d. h. durch Hitze und Druck, geprägt. Geprägte Bücher haben eine schöne Optik und Haptik und gelten daher als wertiger.
Beim Prägen von zu feinen Linien oder auf zu grobem Material kann es jedoch dazu kommen, dass einzelne Buchstaben oder grafische Elemente »zulaufen« und dadurch schlechter lesbar werden.
Bei der Prägung ist daher auf das Zusammenwirken von Prägematerial, zu prägenden Elementen und ausgeübtem Druck zu achten.

POEMS
Gedichte

RÜCKENBRUCH

»Rückenbruch« ist vor allem ein Phänomen von Broschuren, da der Buchblock mit dem Umschlag fest verbunden ist.
Rückenbruch bezeichnet die Längsrillen auf dem Buchrücken, die entstehen, wenn ein Buch bis zum Anschlag aufgeknickt wird, damit es beim Lesen geöffnet liegen bleibt. Die Überbeanspruchung kann dabei von einem gebrochenen Rücken bis hin zum Auseinanderfallen der Bindung reichen.
Damit eine Broschur nicht auseinanderfällt, sollten Papier, Klebstoff und Format aufeinander abgestimmt sein. Bei klassischen Hardcovern oder bei Freirückenbroschuren kann es nicht zum Rückenbruch kommen.

↗ **Schlechtes Aufschlagverhalten**

oh je!
Unfall-
chirurgie
Basiswissen
Klammerwirkung
Der Bruch
Der Buch-
rückenbruch
1x täglich

SCHNABELN

Das deutliche Abheben des Buchdeckels vom Innenteil des Buches nennt man »Schnabeln« oder auch »Buchdeckenwölbung«.
Frisch produzierte Bücher werden für den Versand in Kartons verpackt oder folienverschweißt. Es findet nahezu kein Feuchtigkeitsaustauch der Bücher mit der Umgebungsluft statt, solange sie verpackt sind. Werden die Bücher dann im Winter in einem beheizten Raum ausgepackt, beginnen sie Feuchtigkeit an die trockenere Umgebungsluft abzugeben. Hierbei können Spannungen entstehen, die zum Schnabeln führen. Wird dem Buch Zeit gegeben, sich dem Umgebungsklima anzupassen, legt sich in der Regel das Schnabeln.

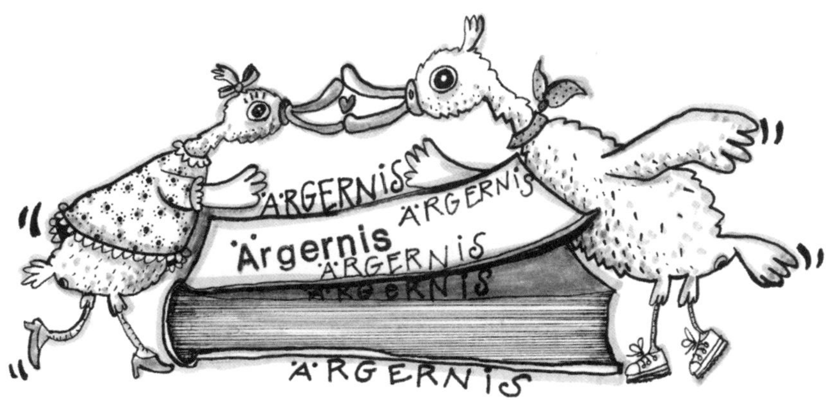
ÄRGERNIS
ÄRGERNIS
Ärgernis
ÄRGERNIS
ÄRGERNIS
ÄRGERNIS

SPANNEN

Bücher, die »spannen«, lassen sich nur schwer aufschlagen. Die Buchdeckel ziehen beim Öffnen einige Buchseiten mit sich. Ursache für diesen Effekt ist ein zu geringer Abstand zwischen Deckelpappen und Rückeneinlage.

↗ **Schlechtes Aufschlagverhalten**

spannen
BUCHBLOCK
zu eng!
Buchdeckel
RÜCKEN-
EINLAGE

FALSCH ZUSAMMENGETRAGEN

»Falsch zusammengetragen« ist die Bezeichnung für fehlende, doppelte oder kopfstehende Bogen im fertigen Buch, die durch falsches Zusammentragen der Druckbogen entstehen. Glücklicherweise ist dieser Makel meist nur in einzelnen Exemplaren einer Auflage zu finden. Zur Vermeidung kann die Buchbinderei durch sogenannte Flattermarken am fertigen Buchblock kontrollieren, ob die Bogen in der richtigen Reihenfolge zusammengetragen wurden. Sind die Flattermarken treppenförmig zu sehen, sind die Bogen richtig angeordnet.

Ene mene
miste,
es rappelt
in der
Kiste,
144
Ich und du
Müllers Kuh
Müllers Esel,
das bist du!
161
?
wohl was
vergessen?
'Ja,
'nen
Bogen!

»Wer die Form beherrscht, darf in die Suppe spucken.«

Hans Peter Willberg

ANHANG

SHORTCUTS

Abstand in Abkürzungen

geschütztes Leerzeichen

Word: strg + shift + Leertaste
macOS: alt + cmd + x
Windows: strg + alt + x

Anführungszeichen

macOS: alt + shift + W
Windows: alt + 0132

macOS: alt + 2
Windows: alt + 0147

macOS: alt + S
Windows: alt + 0130

macOS: alt + #
Windows: alt + 0145

macOS: alt + shift + Q
Windows: alt + 0187

macOS: alt + Q
Windows: alt + 0171

macOS: alt + shift + N
Windows: alt + 0155

macOS: alt + shift + B
Windows: alt + 0139

Apostroph

macOS: alt + shift + #

Windows: alt + 0146

Auslassungspunkte

macOS: alt + .

Windows: alt + 0133

Gedankenstrich

macOS: alt + -

Windows: alt + 0150

KORREKTURZEICHEN

Korrekturzeichen werden zur Korrektur von Texten benutzt. Die Zeichen geben Art und Stelle einer Korrektur an. Korrekturzeichen sind im Duden nach DIN 16511 definiert. Sie erleichtern den Arbeitsablauf in der Satzphase zwischen Lektorat, Herstellung und Setzerei.

Leiche
Leichen werden in der Lücke durch Winkelzeichen kenntlich gemacht und auf dem Rand angegeben.

Falsche Ligatur
Fälschlich gesetzte Ligaturen werden durchgestrichen und am Rand durch einen Strich getrennt.

Löchriger Satz
Löcher im Satz bekommen eine Art Pfeil mit runder Spitze nach oben.

Zwiebelfisch
Zwiebelfische werden durchgestrichen und auf dem Rand zweimal unterstrichen.

URSACHEN FÜR BUCHMAKEL

Eine fehlerfreie Buchproduktion basiert auf fünf Faktoren.

Mitwirkende

Der wichtigste Faktor bei der Buchherstellung ist der Mensch. An der Entstehung eines Buches sind viele unterschiedliche Fachleute beteiligt, die alle dafür Sorge tragen müssen, dass für ihren Bereich optimale Ergebnisse erzielt werden. Das gilt für Lektor:innen, Hersteller:innen und Dienstleister:innen in Setzerei, Reproanstalt, Druckerei und Buchbinderei.

Zeit

Jeder einzelne Produktionsschritt braucht seine Zeit. Daher ist es ratsam, zu Beginn einer Buchproduktion einen Terminplan, von der Abgabe des satzreifen Manuskripts bis zur Anlieferung der fertigen Bücher, zu erstellen.

Kosten

Die Qualität eines Buches wird durch die Auswahl der Materialien entscheidend geprägt. Alle Materialien gibt es in unterschiedlichen Qualitäts- und Preissegmenten.

Materialien

Das Buch ist ein Verbundprodukt aus verschiedenen Materialien. Umfang, Format, Papiersorte, Pappenstärke und Bindeart müssen optimal aufeinander abgestimmt sein.

Klima

Die Materialien sind den klimatischen Bedingungen in den verschiedenen Produktionsstätten (Druckerei und Buchbinderei) sowie dem Transport ausgesetzt. Auf konstantes Klima ist zu achten.

VERANTWORTLICHE IM VERLAG

Für die einzelnen Phasen der Buchproduktion gibt es festgesetzte Zuständigkeiten, die von Verlag zu Verlag variieren können.

Lektorat
Das Lektorat ist verantwortlich für die inhaltliche und sprachliche Richtigkeit sowie für die Rechtschreibung. Das Lektorat stimmt sich eng mit den Autorinnen und Autoren ab und erteilt die Imprimatur (Druckfreigabe) des Textes.

Korrektorat
Das Korrektorat überprüft den Satzlauf auf richtige Rechtschreibung, Interpunktion, Grammatik und auf sachliche Richtigkeit.
Das Korrektorat ist ein wichtiger Bestandteil der Verlagsarbeit und meist in der Herstellungsabteilung angesiedelt.

Herstellung
Hersteller:innen sind verantwortlich für die Gestaltung und Produktion des Buches. Sie definieren die Vorgaben für den Satz, die Repro, den Druck und die Bindung. Jeder Schritt wird durch die Herstellung kontrolliert und freigegeben. Hersteller:innen müssen daher in der Lage sein, die Umsetzung und Qualität der einzelnen Bereiche zu beurteilen.

KONTROLLEN IM HERSTELLUNGSPROZESS

In jeder Phase der Buchproduktion gibt es Möglichkeiten, den aktuellen Stand zu prüfen und freizugeben.

Satzlauf
Satzläufe, auch Korrekturläufe (früher Fahnen), sind die Grundlage für das Korrekturlesen durch Korrektorat, Lektorat und Autorin oder Autor. Im Allgemeinen prüft die Herstellung in den Satzläufen Umbruch und typografische Umsetzungen.

Proof
Im Proof wird das Zusammenspiel von Farbe und eingesetztem Papier simuliert. Der Proof dient der Druckerei als verbindliches Farbmuster.

Visuelle und mechanische Prüfung des Papiers
Papier kann visuell und mechanisch geprüft werden.

Andruck
Ein Andruck ist der Druck eines Exemplars unter gleichen Bedingungen wie denen des Auflagendrucks. Ein Andruck ist sehr zeit- und kostenintensiv.

Digiplot
Für eine finale Prüfung der Druckdaten auf Stand und Positionierung werden Digiplots oder Freigabe-PDFs erstellt. Diese haben fast überall die Blaupausen ersetzt.

Aushänger
Aushänger sind erste gedruckte Bogen, häufig gefalzt und geschnitten.

Druckabnahme
Eine Druckabnahme ist eine Überprüfung des Drucks vor Ort. Dies ist sehr kosten- und zeitintensiv und wird daher nur in Ausnahmefällen gemacht.

Blindmuster | Stärkeband
Ein Blindmuster ist ein Handmuster mit unbedrucktem Papier. Es dient zur Bestimmung der Dicke des Buches, um z. B. die exakte Rückenbreite für einen Schutzumschlag zu ermitteln.

Genehmigungsmuster
Genehmigungsmuster sind fertig gedruckte Handmuster zur Prüfung von Format und Stand (Stegverteilung) des Buches. Sie unterscheiden sich von der maschinellen Fertigung in der Genauigkeit, da sie handgefalzt sind und eventuell eine andere Leimart verwendet wird.

Maschinenmuster
Ein Maschinenmuster ist ebenfalls ein Genehmigungsmuster, das aber maschinell hergestellt wird. Dies kann im Einzelfall sinnvoll sein, ist aber zeitlich sehr aufwendig.

MAẞNAHMEN BEI BUCHMAKELN

Wenn es doch zu Fehlern kommt, gibt es verschiedene Maßnahmen, wie damit verfahren werden kann.

Reklamation
Reklamationen von Buchhändler:innen oder Endkund:innen landen meistens im Kundenservice eines Verlags. Dort wird die Reklamation in Rücksprache mit den Fachabteilungen geprüft. Rechtschreibfehler werden mit dem Lektorat geklärt und dort für eine Nachauflage hinterlegt. Makel am Buchkörper werden mit der Herstellung und in Absprache mit der Druckerei oder Buchbinderei geklärt.

Errata-Zettel
Ein Errata-Zettel kann als einzelne Einlegeseite in ein Buch gelegt werden. Auf dem Zettel steht der Fehler samt Korrektur. Bei einer Nachauflage werden die Korrekturen in das Buch eingearbeitet.

Neudruck
Zu einem Neudruck eines Buches kommt es nur bei sehr gravierenden Fehlern.

Mängelexemplare
Bei Mängelexemplaren handelt es sich um beschädigte Bücher, die äußerlich erkennbare Schäden oder Fehler aufweisen. Sie müssen mit einem Stempelaufdruck »Mängelexemplar« oder einem »M« markiert werden.
Diese Bücher können nicht mehr zum regulären Preis verkauft werden.

Verramschen
Verramschen bedeutet, dass die Buchpreisbindung aufgehoben wird. Ein Buch kommt dann als Sonderangebot auf den Markt, auf den sogenannten Grabbeltisch. Die Preisbindung für ein Buch darf allerdings erst dann aufgehoben werden, wenn das Erscheinen länger als 18 Monate zurückliegt.

Modernes Antiquariat (MA)
Im Modernen Antiquariat (MA) werden Bücher besonders preisgünstig verkauft. Das können neuere Bücher, deren Buchpreisbindung aufgehoben wurde, preisgünstige Sonderausgaben, Remittenden oder Mängelexemplare sein.

Makulieren
Makulieren bedeutet, Bücher unentgeltlich aus dem Verkehr zu ziehen, weil sie keine Erlöse einbringen. Diese Bücher werden dann eingestampft.

WIE HEIẞEN DIESE BUCHMAKEL?

Die letzte Zeile eines Absatzes, die am Anfang einer neuen Seite oder Spalte steht, nennt man		
Das Herausreißen kleinerer oder größerer Teilchen aus der Papieroberfläche während des Druckprozesses bezeichnet man als		Wenn ein Buchstabe innerhalb eines Wortes in einer falschen Schriftart oder einem falschen Schriftschnitt gesetzt wurde, spricht man von einem
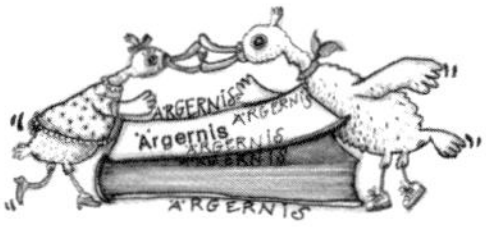		
Ein Druckbogen, der auf beiden Seiten bedruckt werden soll, im Druckvorgang jedoch auf einer Seite unbedruckt bleibt, heißt		Wenn Wörter oder Textpassagen versehentlich doppelt gesetzt werden, dann halten sie

LITERATURAUSWAHL

David Bann, Die moderne Druckproduktion, Grünwald 2011.
Hubert Blana, Die Herstellung, München 1998.
Duden – Die deutsche Rechtschreibung, 27. Auflage, Berlin 2017.
Friedrich Forssman, Ralf de Jong, Detailtypografie, Mainz 2002.
Annette Gevatter, Annette Siegle, Druckreif, Stuttgart 2010.
Kai Johannson, Peter Lundberg, Robert Ryberg, Well done, bitte! Das komplette Menü der Printproduktion. Mainz 2004.
Indra Kupferschmid, Buchstaben kommen selten allein, Salenstein 2009.
Franziska Morlok, Miriam Waszelewski, Vom Blatt zum Blättern, Mainz 2016.
Sabrina Öttl, Der erste Eindruck zählt!, Mainz 2020.
Pascal Schöning, Bleiwüste, Salenstein 2009.
Erik Spiekermann, Über Schrift, Mainz 2004.
Hans Peter Willberg, Friedrich Forssman, Erste Hilfe in Typografie, Mainz 1999.
Joachim Elias Zander, Lexikon Buch Druck Papier, Bern – Stuttgart – Wien 2008.

Internetseiten:
bind-net.de | f-mp.de | typografie.info | typolexikon.de

Blindtext Hurenkind und Schusterjunge von www.newmediadesigner.de

DANK | ÜBER

Für Anregung, Austausch, Kritik und Korrektur danken wir besonders: Mario Ableitner, Gabi Bischoff, Kristine Darga, Christoph Gutjahr, Christian Ide, Petra Kiedaisch, Silke Pradel, Cosima Schneider, Erik Spiekermann und Anja Uhlic.

Monika Wintjes ist studierte Verlagsherstellerin und arbeitet seit über 20 Jahren als Herstellerin in großen deutschen Buchverlagen.
Mit Buchmakel möchte sie ihre langjährige Erfahrung bei der Buchherstellung mit einem breiteren Publikum teilen. Dabei geht es ihr vor allem darum, die oft kuriosen alten und neuen Begriffe aus der Herstellungswelt zu erhalten.

Die studierte Illustratorin Lu Säuberlich setzt die Fachbegriffe mit einer Prise Humor und Gespür fürs Detail in Szene und erweckt die Buchmakel so auf ihre eigene Art zum Leben.

IMPRESSUM

Bibliografische Information der Deutschen Nationalbibliothek:
Die Deutsche Nationalbibliothek verzeichnet diese Publikation in der Deutschen Nationalbibliografie; detaillierte bibliografische Daten sind im Internet über dnb.de abrufbar.

1. Auflage 2022

Lektorat: Mario Ableitner, Petra Kiedaisch
Gestaltung und Satz: Monika Wintjes
Gesetzt aus der FF Milo
Umschlaggestaltung: Anke Rosenlöcher mit einem Motiv von Lu Säuberlich
Repro: RGD plus, Langen
Druck: Schleunungdruck, Marktheidenfeld
Printed in Germany
ISBN 978-3-89986-370-3

www.avedition.de